L'AGRICULTURE EN CORSE

CE QU'ELLE EST CE QU'ELLE POURRAIT DEVENIR

SUIVIE DE

QUELQUES LEÇONS D'AGRICULTURE

A L'USAGE DES ÉCOLES PRIMAIRES ET COURS D'ADULTES

> Point d'agriculture sans eau,
>
> * * *
>
> Les Grecs, en acquérant des lumières connurent bientôt tous les avantages de l'agriculture, pour laquelle ils avaient eu au commencement une extrême aversion : sans les productions de la terre les autres biens seraient inutiles comme on le voit par la fable de Midas. Aussi de grands princes, de grands philosophes ont-ils fait de l'agriculture un objet particulier de leurs soins et de leurs études. — *Histoire Grecque,* Ch. XXII.

PAR

INNOCENT GIOVACCHINI,

ANCIEN PERCEPTEUR.

AJACCIO

IMPRIMERIE A.-F. LECA.

1870

L'AGRICULTURE EN CORSE

L'AGRICULTURE EN CORSE

CE QU'ELLE EST

CE QU'ELLE POURRAIT DEVENIR

SUIVIE DE

QUELQUES LEÇONS D'AGRICULTURE A L'USAGE DES

ÉCOLES PRIMAIRES ET DES COURS D'ADULTES

PAR

INNOCENT GIOVACCHINI,

ANCIEN PERCEPTEUR.

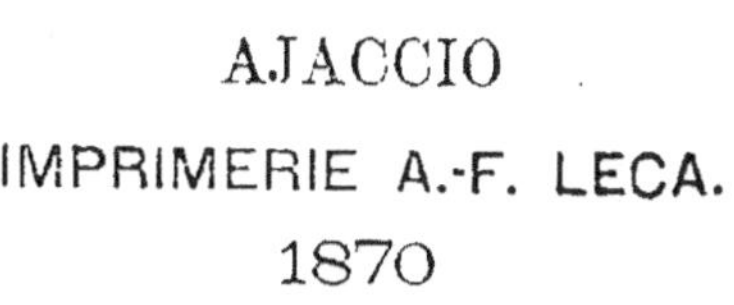

AJACCIO

IMPRIMERIE A.-F. LECA.

1870

AVANT PROPOS.

Cette brochure ou ce petit livre, n'est que le résumé d'un petit traité d'agriculture à l'usage de la Corse, et pouvant être enseigné dans nos Écoles communales et pratiqué par les agriculteurs des campagnes.

La précipitation que nous avons mise dans la première partie, à décrire les différentes causes du peu de développement de l'agriculture, prouve assez que nous n'avons fait qu'effleurer la chose. Nous avons été obligé de toucher à toutes les cordes et aux différents obstacles qui se sont opposés, jusqu'à présent, et comme le champ était très-vaste, nous avons été concis ; c'est ce que nous éviterons dans l'autre publication. Ce ne sont que des avertissements et des réformes à opérer, pour arriver à un état prospère. Je ne veux pas non plus introduire des systèmes, mais améliorer ceux qui sont suivis jusqu'à présent ; que l'on ne se figure pas que la Corse peut être transformée complètement et tout d'un coup ; non, il faut que la marche soit progressive.

Déjà on constate des améliorations sensibles de 1830 à 1848, de cette dernière date à aujourd'hui, le progrès est immense, et plus nous avançons et plus nous obtiendrons de bons résultats, si tous nous faisons des efforts, chacun en ce qui le concerne.

Dans notre future publication nous ferons encore un peu de botanique et de matière médico-végétale et minérale pour servir de continuation à notre chapitre deuxième, à l'article *hygiène des animaux*. Nous traiterons encore de la phrénologie des animaux. Ce que Gall ferait pour le cranc de l'homme, un patre de Bastelica, mais grand naturaliste dans la nature, comme Gœthe en faisait autant sur l'omoplate des animaux ; à la même époque, peut-être, car il est mort immédiatement après 1815 — et qu'on appelait Carlo di Piuma.

Innocent Giovacchini.

L'AGRICULTURE EN CORSE

CE QU'ELLE EST ET CE QU'ELLE POURRAIT DEVENIR.

Point d'agriculture sans eau.

Les Grecs, en acquérant des lumières connurent bientôt tous les avantages de l'agriculture, pour laquelle ils avaient eu au commencement une extrême aversion : sans les productions de la terre les autres biens seraient inutiles comme on le voit par la fable de Midas. Aussi de grands princes, de grands philosophes ont-ils fait de l'agriculture un objet particulier de leurs soins et de leurs études. — Ch. **, R.

Tout ce que l'on a dit, tout ce que l'on a fait jusqu'à présent en fait d'agriculture en Corse, a été considéré comme lettre morte ; il y a quelques améliorations mais c'est la marche du progrès. Tant que l'on n'assainira nos plaines en désinfectant nos marais en tirant parti de cet arbre si précieux, appelé *Eucalyptus globulus*, que M. le docteur Carlotti a expérimenté ; tant que l'on n'attirera les populations vers les pleines, il ne pourra jamais y avoir d'agriculture comme dans le reste de l'Europe.

A côté de tout cela se présente une autre difficulté, c'est le manque d'eau. J'ai beaucoup voyagé en Corse, je puis dire que je l'ai parcourue dans tous les sens, et je me suis aperçu que cet élément ne manque pas au pays, mais on ne sait en tirer parti, dans le Talavo on l'emploie a l'arrosage des châtaigniers comme si elle était indispensable à cet arbre, sans doute que c'est une habitude contracté et l'en priver serait peut être lui nuire, mais on en prive le terrain qui pourrait rapporter le quintuple en légumes et en pommes de terre.

Dans d'autres localités elle manque faute de canaux d'irrigations, comme dans le canton de de Bastelica ; au chef-lieu, par exemple, il y a trois rivières qui ne servent qu'à faire marcher huit à dix moulins dont on pourrait facilement se passer ; avec deux moulins biens conditionnés il y en aurait de reste, bien entendu avec le système d'importation des farines du continent. Ces rivières, si elles étaient détournées à une certaine distance, pourraient arroser tout le territoire et je vous assure que la population de Bastelica, laborieuse comme elle est, prospérerait, et au lieu de s'occuper exclusivement du bétail, trouverait son avantage dans le produit de son territoire et ne serait pas obligée d'émigrer et d'envahir avec ses troupeaux de chèvres et de porcs, presque la moitié de la Corse et particulièrement les territoires d'Ajaccio et d'Ornano : de cette manière les propriétaires de ces dernières localités n'ayant pas de bergers à qui louer leurs terres, feraient à leur tour de l'agriculture agronomique.

Voyez comme les faits sont évidents : les communes de Tolla et d'Ocana, ont de l'eau en abondance et par cette raison leurs populations s'occupent d'avantage de la culture des champs et particulièrement de l'arboriculture. A Tolla, par exemple, une des ressources principales de cette commune, c'est le produit de la vente de la pomme dite rainette, elle en approvisionne nos principaux marchés et les maîtres d'hôtels ont des correspondants dans cette commune.

Que d'avantages on pourrait tirer de ce produit : cet arbre qui demande des terres fortes et l'air pur de nos montagnes ? Nous en avons essayé, mais le manque d'eau dans les fortes chaleurs, l'a fait tomber avant l'époque et hâte, pour ainsi dire, la maturité. J'en ai fait l'essai dans un petit verger contigu à ma maison d'habitation.

Le manque d'eau fait qu'on ne peut se livrer à aucune espèce de culture : un paysan possède un champs d'un hectare, essaye de le fumer, d'y semer la pomme de terre, d'y planter des haricots, des choux, du tabac, etc, tous naît bien pendant les premiers jours de juin, mais le manque d'eau, les sécheresses de juillet et d'août, enfin lorsque son champs aurait le plus besoin d'humidité, l'eau fait défaut et le voilà réduit à perdre le fruit de son travail de tout l'hiver parce que ordinairement on commence à bêcher en février et en mars.

Dans ce cas, que fait le pauvre père de famille l'année suivante ? il sème ou plutôt il jette un peu de semence de blé, il la jette, dis-je, à la grâce de Dieu, en maudissant la providence qui n'a pas permis qu'il pleuve en l'été passé. Cette récolte de blé, qui produit assez bien, il est vrai, mais qui ne suffit pas pour nourrir lui et toute sa famille, cherche ailleurs de quoi subvenir à ses besoins, se procure des chèvres pour donner du lait à ses enfants, oui. des chèvres, ce fléau de l'arboriculture ; ainsi je vois tous les soirs. en me premenant, les petits marmots, à la sortie de l'école, aller rentrer leurs chèvres et se livrer, eux aussi, comme cet animal malfaisant, à toute espèce de brigandage, piller et dévaster les fruits et les arbres du voisin.

Il y a quelque chose qui se rattache à cet animal : il est incontestable que presque tous nos bandits célèbres (du moins à Bastelica et à Guagno il en a été ainsi) ont été des chevriers, ils commencèrent par être voleurs et finirent par devenir assassins. Cette bête nous a été introduite par les Génois : on ne la trouve pas à l'état sauvage comme le mouflon, qui n'est autre chose que le mouton importé d'Afrique et que nous avons vu dans nos colonies pénitencières de Saint-Antoine et de Chiavari. La chèvre conduite en troupeaux et cantonnées sur nos montagnes, pourrait encore être utile : on en tire ce précieux fromage blanc qu'on nomme *broccio* et qui, sec, fait l'office du beurre et du lard : on en fait une exellente soupe ; ils négligent leurs devoirs d'élèves et se livrent à des brigandages.

Ce qui a le plus contribué au peu de développement de l'agriculture en Corse, c'est la culture des céréales. le blé produit beaucoup, il est vrai, dans les terres défrichées, la première et même la seconde année, mais après, quoi ? très-peu de chose et cela se voit depuis que nous n'avons presque plus de terres vierges à défricher, cette culture à fait défaut. Le paysan persiste à vouloir cultiver le blé, mais c'est en vain qu'il voudrait en tirer parti, il attribue cela à des causes indépendantes du sol. il prétend et il se dit souvent : peut-être j'ai trop tardé à faire mes semailles et l'année suivante il anticipe ses labours et même il sème sans labourer, ce qui s'appelle *ciattimare* ou semer en *coggia*, et c'est ce qui le ruine, d'autrefois il attribue cela aux fortes pluies d'hiver et souvent aux sécheresses du printemps. Il ne se rend pas compte, il ne s'arrête pas à considérer que son terrain est épuisé, qu'il faut qu'il change de culture, que là où le blé n'a rien fait, la fève ou la pomme de terre, le lin ou le maïs fructifient à merveille : point du tout, que fait-il ? il laisse reposer sa terre pendant trois ans et il l'a loue au berger voisin ; ce ne serait pas mal fait, mais il pourrait en profiter si les brebis qui doivent y paître l'herbe et y coucher la nuit étaient les siennes. Ainsi fumer la terre avec les brebis — c'est ce que les bergers appellent S*uale* — rapporte immensément, mais le propriétaire et le fermier n'ont pas l'habitude d'avoir des bestiaux, c'est tout au plus s'ils ont un cheval ou une paire de bœufs.

Je reviens toujours à mes moutons : le propriétaire ou le colon ne peut entreprendre aucune espèce de culture. parceque l'eau fait défaut, l'air est malsain et les habitations sont loin.

Pour qu'un champ fructifie, il faut que toute une famille, hommes. femmes et enfants soient constamment dedans. Que nos propriétaires et surtout les riches, au lieu de courir après les emplois et les honneurs, qu'ils s'occupent un peu de leurs terres :

— Voyez le Compo-di-l'Oro (champs d'or) disaient les anciens, il est presque abandonné, à part un peu de maïs et quelques peu de fourrages, le reste n'est rien ! On a essayé du blé, mais jamais le blé n'a été semé dans les plaines par de bons agriculteurs, il n'y croît que de la paille et point de graine ; je dirai comme lé professeur Ottavj : *Pagla fa pagla, gramilla fa gramilla*, si l'on n'a pas soin d'y jeter du fumier provenant de graines et de détritus humain.

La plaine de Campo-di-l'Oro devrait être un jardin, oui, un jardin, aux portes de la ville ! c'est honteux d'y voir croître les ronces et d'entendre croasser les grenouilles et infecter les deux versants de la Basteliccia et de la Bocognanesa. Que messieurs les Ajacciens, au lieu d'envoyer leurs enfants à Paris, au quartier Latin, apprendre la chicane et les mœurs dépravés de nos Parisiens, feraient bien mieux de les envoyer à l'école de Grignon ou ailleurs, comme à Casale, chez M. Ottavj, et le gouvernement au lieu d'empester la Corse avec ces malfaiteurs et ces employés aux pénitenciers, emplois tant convoités par la jeunesse, s'occupait à fonder une école d'agriculture comme on avait commencé du temps de M. Lefort, d'heureuse mémoire, et lorsque M. Pozzo di Borgo était chargé d'un cours d'agriculture au collége Fesch et ce que M. Ottavj s'était proposé de faire lorsqu'il avait la direction de la pépinière.

Ces colonies de pénitenciers devaient être remplacées par des familles italiennes ou françaises ; concéder toutes ces terres de la Costa et des Sanguinaires, aux anciens soldats qui, en prenant leur congé, épouseraient des filles du pays ; on pourrait en faire autant pour les lucquois, rien de plus aptes à l'agriculture que les paysans français ou italien.

Revenons à nos travaux d'irrigations, je laisserai l'agriculture pour m'occuper d'hydrolique. Nos cours d'eau partent de la crête, qui divise la Corse et vont à la mer, ces cours d'eau pourraient être déviés en faisant des barrages pour les faires passer sur les terres, comme l'on a fait dans le Cruzini, à Vivario, à Ghisoni et pour la Gravona. Mais toutes les communes n'ont pas les fonds nécessaires, commes les communes de Vivario et de Ghisoni ; il y a moyen d'y remédier, en opérant des emprunts d'une commune à l'autre, créer des fonds, comme pour les routes d'intérêt commun : la commune de Bastelica, par exemple, à des fonds de reste, pourrait les donner aux communes de Cauro et de Suarella qui en manquent, et au besoin provoquer une loi comme pour les chemins vicinaux, en faire un impos obligatoire. Je disais que je voulais laisser de côté l'agriculture pour m'occuper d'hydrolique mais, c'est ce que je ne ferai pas, n'étant pas de la partie ; ce que je m'occuperai plus à fond et tâcherai de dévellopper avec plus de clarté possible, se sera la création des fonds nécessaires à ces travaux de canalisation. J'y suis : premièrement, exploitation en grand de nos forêts communales, avec affectation spéciale, c'est-à-dire que ces fonds seront employés exclusivement aux travaux d'irrigation ; secondement, mise à ferme des bien communaux, je veux parler des terres vaines de nos montagnes : le mode employé jusqu'à présent est impraticable. J'ai été dans la partie, vous le savez, messieurs, j'ai exercé les fonctions de percepteur pendant cinq ans, après un surnumérariat de sept, et la manière de déclaration à la mairie est très-défectueuse, en ce sens que le berger ne fait pas de déclaration exacte, ensuite on envoit, il est vrai, le garde champêtre pour compter les animaux, pour s'assurer de l'identité de la chose, celui-là a son compère ou son ami qu'il tâche de ménager le plus

qu'il peut, de cette manière les payants sont réduit à bien peu ; je me rappelle que de 1848 à
1855 le montant des animaux de toute espèce qui
devaient être envoyés sur les biens communaux
de ma commune était de vingt-huit mille têtes de
bétail, aujourd'hui il est réduit à treize mille,
d'où cela provient, je ne le sait pas, et les troupeaux sont plus forts quoiqu'il y ait quelques
bergers de moins. Ajoutez à cela que l'on devrait
élever le tarif, au lieu de dix et vingt centimes
on devrait en payer au moins cinquante, nos bergers payent bien cinq francs et quelquefois d'a-
vantage par tête de bétail, pendant six mois de
l'année et pour l'hiver, ils peuvent bien payer
un demi franc pour six autres mois. En élevant
ce tarif à cinquante centimes au lieu de vingt,
le surplus, je veux dire les trente centimes d'aug-
mentation seraient affectés aux travaux d'irrigations.

On pourrait engager les communes qui ont
des forêts, qu'on ne peut pas exploiter pour le
moment, faute de routes, à contracter des emprunts auprès du Crédit foncier de France : j'ai vu
pas plus loin qu'hier, une affiche conçue en ces
termes et c'est ce qui m'a donné l'idée de ce travail : Crédit foncier de France, que tout le monde a lue : de cette manière les communes pour-

raient contracter des emprunts et opérer des travaux d'irrigation (1). J'avais même, à cet effet, projeté, il y a quelques temps, l'organisation d'une compagnie qui se chargerait des travaux et se ferait rembourser par les différents propriétaires, c'est ce qui m'avait fait rapprocher, avant les élections, de messieurs les Pozzo — je leur ai soumis le projet, mais ils n'ont nullement songés à la chose.

Cette compagnie n'aurait pas réussi sans l'intervention du gouvernement et des gros propriétaires fonciers. Que ceux-là donnent la première impulsion, le gouvernement et les communes feront le reste : avec nos forêts communales, les terres vagues de nos montagnes et en provoquant une loi pour ces sortes de travaux, absolument comme pour les chemins vicinaux, en imposant deux ou trois journées de prestation.

Maintenant que nous avons prouvé comme l'eau est l'élément le plus important à l'agriculture, que les chèvres *mannarini* sont le fléau de l'arboriculture, nous tâcherons de donner quelques avis importants tant pour le développement de cette science, que pour inculquer, s'il est possible, le goût de ce travail que les romains avaient tant en vénérations et que Cincinatus a honoré.

(1) Au 1er alinéa, page 16, ligne 7, lisez : Crédit communal.

II.

Le premier obstacle est le morcellement de la propriété : si les paysans s'entendaient entre eux et s'ils projetaient des échanges et tâchaient de réunir leurs propriétés en un seul fond, et une fois se font de terre obtenu, y établir des étables ; au lieu d'avoir une paire de bœufs en avoir deux ou trois, de même pour les chevaux ou mulets — et surtout un âne pour transporter le fumier, — autant de vaches laitières, huit ou dix moutons et un nombre égale de brebis afin de faire du fumier de tout ; y établir une maison d'habitation et y demeurer avec toute la famille afin d'employer le plus de bras possible. Au lieu de tout celà, que fait notre petit propriétaire ? s'il a des garçons et des filles, en admettant que la famille se compose d'un certain nombre d'enfants comme cela se voit dans nos campagnes — les familles sont très-nombreuses — les garçons, tous, sont envoyés indistinctement à l'école jusqu'à dix-huit ou vingt ans, même ceux qui sont le plus dépourvus d'intelligence, il veut en faire des hommes instruits, mais celui qui est instruit a honte de ce mettre au travail de la terre, il cherche à se procurer l'éxistence d'une tout autre manière : l'aîné sera instituteur pour donner l'instruction aux autres ; le second sera militaire pour devenir quoi, *gendar me*, s'il ne peut devenir capitaine, mais un gendarme, aujourd'hui, a une position ; le troisième, le plus intelligent et le plus studieux, car il est démontré, même en physiologie, que les cadets de famille sont, outre les plus intelligents, mais sont doués d'un certain talent, cela se comprend naturellement : un homme de quarante-cinq ou cinquante ans a plus de jugement qu'un jeune homme de vingt-cinq et en donnant le jour à de pareils enfants les aînés sont en quelque sorte idiots en comparaison de leurs cadets, quelques exceptions à part, et pourtant presque tous les pères sont injuste envers leurs enfants, ils ont de la prédilection pour les aînés et négligent les cadets, j'en sais quelque chose, moi.

Revenons à notre père de famille et à son troisième enfant : celui là on le fera prêtre, mais pour le faire prêtre il faut l'envoyer au petit-séminaire et ensuite au grand ! que de sacrifice n'est-il pas obligé de s'imposer ce pauvre père de famille ? il est obligé de négliger ses filles, qui devraient être mariées ; il est obligé de laisser acquérir le champs du voisin qui aurait été si utile à son exploitation ; il faut vendre les deux bœufs, la vache et que sais-je, pour entretenir cet enfant au séminaire, pour envoyer de l'argent à l'autre qui est fourrier ou sergent-major, qui a déjà respiré l'air de la capitale et pour parvenir officier il faut qu'il fasse comme son collègue du continent qui est devenu officier parce qu'il dépensait beaucoup, et souvent notre sous-officier ne pouvant devenir officier se fait gendarme ou entre dans la garde de Paris, ou est employé dans la police ou dans les chemins de fer.

Le pauvre instituteur, que fait-il, lui, l'aîné de la famille, celui qui était chargé de l'éducation des autres frères ? celui-là après avoir obtenu son brevet d'instituteur et avoir reçu sa commune, il s'est marié, il est bientôt chargé de famille à son tour et les faibles émoluments d'instituteurs sont insuffisants à l'entretien de sa famille — il est obligé de se pourvoir ailleurs, il est obligé d'avoir recours à son protecteur dans la haute..... Il y en a un, entre autre, qui, d'instituteur s'est fait porteur de contraintes, un autre s'est fait garde chiourme, un troisième s'est fait garde forestier communal, celui là, au moins, pourrait employer son peu de savoir à l'étude des plantes et s'occuper de reboisement, point du tout : il cherche à exploiter les pauvres bergers et les propriétaires d'animaux, surtout les propriétaires de porcs, il les mets à contribution, comme l'on dit vulgairement. Mais si le père de famille s'était occupé de son champs, lui et ses enfants, on aurait agrandi le patrimoine, on aurait marié leurs sœurs et le bien-être serait dans la famille.

Pour remédier à tout cela il faut donner l'impulsion à la jeunesse, en leur apprenant les premiers éléments d'agriculture, en introduisant un nouveau système araire. Dans les communes qui ont quelques fonds, leur faire acheter des instruments de labour, tels que charrue Dombasle, araire de Provence et autres, que la commune louerait ; indemniser les instituteurs et largement, pour les cours d'adultes, à la condition que l'enseignement agricole aura sa large part, créer des prix et accorder des récompenses ; mais avant tout il faut que nos propriétaires donnent la première impulsion. On a beau prêcher une doctrine, ce n'est qu'en la mettant à exécution et en constatant les résultats que l'on se rend à l'évidence. Pour ma part, si j'avais assez de terrain pour pouvoir le faire, je vous assure que je n'aurait pas hésité à prendre la charrue à la main ; il m'en reste encore assez pour pouvoir le faire, et ils sont dans les conditions qu'il faut, ceux de la Bastellicaccia, sont au dire des gens du pays, la plus mauvaise terre de la Corse, elles se composent de deux ou trois hectares, et autant peut-être de la dote de ma femme sur le territoire de Grossetto, en face d'Ajaccio, et donnant juste sur la mer ; si messieurs les Ajacciens veulent me fournir des capitaux, je leur prouverai que je connais l'agriculture.

Il ne faut pas désapprécier tout le système actuel de nos laboureurs, car avec le terrain en pente et un sol pierreux ce système est peut-être le meilleur, pour ce qui a traite au labourage, ce qui n'est pas pour les semailles.

Les changements à opérer et les nouveaux systèmes à introduires ne seraient que pour nos plaines du Campo-del-Oro, du Liamone, du Talavo et des autres plaines du littoral ; mais il faut, je le répète, que nos gros propriétaires le fassent, et le campagnard, soyez en certain, ne tardera pas à l'imiter.

A tout cela, il faut ajouter et introduire des semences nouvelles, comme pour la pomme de terre, par exemple, celle que l'on a employé jusqu'à présent est vieille, outre de rapporter bien peu, elle est malade, il faudrait que la semence soit renouvellée avec la baie que produit la fleur ; la tubercule, non seulement est atteinte de la maladie, mais elle périt ; il faudrait aussi y introduire la patate et la pomme de terre rouge.

qui est perdue, et qu'on ne voit presque plus.
Introduire aussi d'autres espèces de légumes, comme poids et fèves, des haricots et tout ce qui se
rattache au jardinage. Le paysan de nos montagnes se limite a cultiver que ce qu'il lui faut
pour sa consommation ordinaire, mais avec la fa-
cilité des transports que nous avons, on pourrait
en approvisionner nos marchés des villes et si
dans nos jardins qui avoisinent nos villes on a
les primeurs, nos montagnards apporteraient leurs
produits en automne, lorsqu'il n'y en a plus ;
seulement, il faut que leur genre de culture soit
développé sur une plus grande échelle.

Un genre de culture qui est négligé, est celui
du tabac, je ne veux pas parler du tabac corse.
comme on le fait dans la province de Vico et dans
le Cruzini, mais du véritable tabac. Voyant qu'on
ne tire pas parti du privilége accordé à la Corse,
le gouvernement ferait bien de remettre la régie,
au moins nous aurions du bon et l'on ne serait
pas empesté avec nos mauvais cigare et notre tabac à priser ne serait pas drogué. Il y a huit ou
dix ans, on nous avait envoyé un employé du
Gouvernement. il était chargé de fournir la semence, d'y enseigner la culture et d'en acheter
la feuille, il a passé tout une saison à Ajaccio,
nous l'avons tous vu et connue, mais personne

n'a songé à entreprendre la chose. Le gouvernement pourrait aussi acheter des terres à Campodel-Oro et les faire cultiver par les pénitenciers
de Chiavari et de St Antoine, puisque nous les
avons dans le pays et pour longtemps, je pense ;
reprendre le domaine de Galeria et y établir
une colonie pénitenciaire (1) ; on pourrait reprendre aussi les anciens établissements d'Efrico,
aujourd'hui que nous avons de l'eau sur le territoire de Mezzana, il me semble que cela n'offrirait aucune difficulté.

L'amélioration des races d'animaux, avec le
croisement des béliers de Chiavari et de Saint-
Antoine, prend bien dans nos campagnes, mais ce
n'est pas assez, l'accouplement avec nos brebis
laisse à désirer, car une fois qu'elles sont laissées à l'abandon et exposées à l'intempérie des
saisons, la laine se raidi' comme celle de nos
troupeaux, (il est vrai que l'espèce blanche est
préférable à la noire pour la laine,) ce qui n'est
pas de ceux qui sont rentrées le soir dans
les étables. Nos bergers qui font tant usage de
sel pour leurs *broccio*, feraient bien d'en donner
un peu à leurs bestiaux, ils en retireraient un

(1) Ou l'on reconnait l'utilité des colonies pénitenciaires en Corse,
et alors il faut leur donner un plus grand dévelopement en en créant
d'autres ; s'ils sont vraiment inutiles, pourquoi y persister.

grand avantage, surtout pour les moutons destinés à la boucherie.

Nos bergers ne veulent pas comprendre que
l'on ne doit pas traire la brebis, que le lait
qu'elle donne ne doit servir qu'à nourrir son
agneau et que le fromage se fait avec le lait de
vache : allez leur dire tout cela, ils se moquent
de vous. Ce n'est qu'avec l'exemple, je le répète,
qu'on pourra leur faire comprendre cela.

Un autre genre d'exploitation que nous
n'avons pas en Corse, se serait d'acheter le lait
et de fabriquer le fromage comme en Italie et en
Alsace, en établissant des caves pour le conserver; on ne nous vendrait pas le fromage de qua-
rante-huit heure ou d'une semaine tout au
plus, comme on le fait.

Nos chèvres aussi auraient besoin d'amélioration, l'essai fait par différents propriétaires et
notamment par la famille Cuneo d'Ornano, en
introduisant la chèvre mérinos d'Espagne, avait
pris, mais la race ne s'est pas perpétuée, car le berger a qui elles étaient confiées négligea de les soigner et cette race à disparu entièrement. Que l'administration des pénitenciers fasse pour les chèvres d'Espagne ou du Thibet comme elle a fait pour
les moutons du continent ou d'Afrique, en intro-

duisant des béliers qu'on donnerait aux bergers pendant la saison ou qu'on louerait comme l'on fait pour les chevaux de remonte.

L'administration pénitenciaire pourrait aussi louer des instruments de labour aux différents propriétaires ou aux colons qui en feraient la demande. Il me semble avoir entendu répéter cela par M. le docteur Carlotti, en causant avec M. Leca, directeur du *Journal de la Corse*. Ce serait une bonne affaire qu'on ne devrait pas négliger, tant de la part des propriétaires et des fermiers que de celle des fonctionnaires de nos colonies agricoles. Il suffit que quelques uns commencent pour que les autres les suivent, aussitôt que l'on aura constaté le résultat il y aura une grande économie de temps et de force.

Un genre de culture que nous n'avons pas encore traité, est celui de la vigne ; je ne puis pas m'en rendre compte. Le nombre de vignes augmente tous les jours et pourtant le vin devient de plus en plus cher ; c'est peut-être la maladie, le fléau tend à diminuer, et avec le système du souffrage il diminue tout les jours, mais ce qui s'oppose au rendement, c'est qu'on ne fume pas la vigne, et notez une chose, si on emploie l'engrai, la vigne sera préservée aussi de la sécheresse ; il est vrai que le vin sera moins bon mais en associant les fruits des différentes localités comme celui de la plaine à celui de la côte par exemple, de cette manière on aurait un vin de table un peu léger, car nous avons des vins tellement alcooliques qu'on ne peu boire et qui est sujet à se gâter. Il faudrait aussi, avec nos facilités de transport, acheter des raisins, je m'explique : ceux qui ont des vignes de côtes acheter des raisins de bas fond et réciproquement ; dans les pays vignobles de montagne, comme le Talavo; se procurer des raisins des pays bas, comme à Sollacarò ou à Olmeto. De cette manière on pourrait avoir un vin uniforme et moins capiteux. On parlait vaguement, il y a quelque temps, que des continentaux se proposaient d'acheter le raisin pour le transporter au continent, se serait une bonne chose, un nouveaux commerce à introduire du moment que notre vin ne supporte pas le transport par bateau, qu'il ne peut passer la mer !

L'arboriculture est un peu négligée, outre la pomme rainette et les autres variations, on devrait cultiver aussi la pomme dite *cotona* (coing), si employées en confiture et qui est a peine connue dans nos campagnes et que les enfants n'auraient garde de toucher comme ils le font pour les autres espèces, car pour les rendre propre à manger, elles ont besoins d'être apprêtées avec le sucre.

La reine-claude devrait prendre aussi un plus grand développement car elle est un peu négligée; chez moi, il n'y a que deux ou trois propriétaires qui la cultivent.

La groseille aussi devrait être cultivée, surtout dans nos montagnes, car elle y vient très-bien; mon père s'était procuré la *Spinella* qui est de la même famille, je crois, il l'avait fait venir de Suisse; elle fait l'office des ronces pour les clôtures, et ni la neige, ni le froid de mars n'en empêche nullement la floraison, à Bastelica tous les jardins sont fermés de groseillers.

De ces deux variations, la rouge et la jaune, avec les épines, on pourrait en retirer un grand parti, cela se vend un franc le kilogramme et même d'avantage si l'on veut se donner la peine d'en faire de la gelée; nous savons tous combien on la recherche dans les hôpitaux et chez les particuliers: une chose qu'on n'a peut-être pas songé et qui est peut-être ignoré, c'est qu'elle est le meilleur médicament que l'on puissent employer pour les brûlures du feu, car on se brûle avec tout autre élément, comme l'alcool, la potasse et les accides, la guérison est instantanée, nous en avons faits l'essai, mon feu père qui était médecin, l'employait toujours, mais il faut que cela soit à l'instant même, l'on n'a qu'à couvrir la plaie de gelée. Je conseille toujours les mères de famille d'en avoir chez elles : je vous dirai la-dessus que je fais un peu le médecin chez-moi, je ne fait pas de la médecine à proprement parler mais de l'hygiène,

Je me résume : pour que le pays prospère et que l'agriculture prenne un grand développement, il faut des travaux d'irrigation ; il faut que le Gouvernement, les communes et les particuliers, c'est-à-dire les grands propriétaires y interviennent; que l'on crée, sinon une école d'agriculture, au moins l'enseigner dans nos colléges, dans notre école normale, dans nos écoles communales et dans nos cours d'adultes. Il faut que l'administration pénitenciaire loue des instruments de labour et introduise des races nouvelles de chèvres et de moutons, pour être livrés au public et vendu en cas de besoins. Il faut que nos grands propriétaires des villes fassent de leurs enfants des agriculteurs au lieu d'en faire des avocats et des magistrats ; il faut

DEUXIÈME PARTIE

CHAPITRE PREMIER

De la fertilisation et de l'introduction des instruments aratoires. — Charrue grecque introduite en Corse, par les habitants de Cargese.

Féconder un terrain, c'est y substituer des principes fécondants, sels et autres : il y a trois sortes des manières de rendre le terrain propice à la fécondation, ou pour mieux dire de l'engraisser avec les engrais végétaux, les engrais animaux et les engrais minéraux.

Engraisser un terrain, c'est y substituer des sels nutratifs, qui se dégagent à l'aide de l'humidité et de la chaleur et qui, mis en contact avec les principes terreux, les phosfates de chaux et de fer, contribuent à alimenter les plantes. Pour obtenir cet amalgame, si je puis m'exprimer ainsi, il faut autant que possible réunir le plus grand nombre d'engrais, c'est-à-dire des détritus de toutes espèces, balayures de maison, de ville, reste de cuisine, en un mot tout ce qui se jette à la voirie, il faut ajouter à cela des détritus humains. Il avait bien raison, celui qui a dit, que tous les jours on jetait des millions dans la Seine. Non seulement il faut varier les engrais, mais il faut y ajouter des produits provenant des semences, car si ces engrais ne se composent que de feuilles, de pailles et de restes d'animaux nourris de fourrages, votre terre ne produira que de la paille et point de graine (*paiglia fa paiglia. granaglia fa granaglia*) j'ai dit dans la première partie ; pour remédier à celà, il faut y ajouter, autant que possible des engrais provenant des différents fruits, quelqu'ils soient. Les cendres doivent être employées aussi, non seulement pour le principe terreux, qu'elle contiennent, mais pour la potasse qui joue un grand rôle dans l'alimentations des plantes.

Les engrais animaux, c'est-à-dire tout ce qui provient des animaux, poiles, ongles, sang, matières grasses et fécales. tout ce qui se rattache à la boucherie doit être employé et mélangé aux autres provenants des végétaux. Un autres genre d'engrais qui ne devrait pas être négligé par ceux qui le peuvent, et qui ont leur propriété attenant à la mer, ce sont les algues qu'elle jette sur le rivage après les fortes tempêtes, c'est le meilleur engrais du monde, il contient des principes végétaux, animaux et minéraux à la fois, et ajoutez à cela la grande quantité de sel, aussi mélangées au fumier d'écurie et aux balayures des villes, cela fait un engrais des plus précieux.

Dans nos villes, nous avons beaucoup de magasins de chaussures, eh bien, les restes de cuirs de semelles et les vieilles savates, font aussi un bon engrais. En Corse on n'a pas l'habitude de faire ramoner les cheminées, si nossavoyards se donnaient la peine de passer la mer on pourrait aussi tirer parti du noir des cheminées, mais on se contente de brûler la suie en y jetant de la paille, ou un grand fagot de bois.

Un des engrais les plus précieux et que l'on ne tire aucun profit, ce sont les restes des vendanges (*vinaccia*), non seulement dans nos villes, vous êtes empesté par cette odeur, mais dans nos villages on n'en tire aucun profit et pourtant, c'est le meilleur engrais du monde. Tout ce que l'on fait généralement en Corse c'est d'attacher une grande importance au fumier d'écurie, qui seul et sans le concours des autres engrais est plutôt nuisible qu'utile.

Les engrais minéraux, c'est tout ce qui provient des restes de nos forges, des restes de chaux, des démolitions et réparations de nos maisons. Dans les autres parties de la Corse on a des fournaux à chaux, eh bien, tout ce qui n'est pas utilisé et que l'on jette, peut être employé et parsemé dans nos champs et dans nos vignes; après que nous aurons bien amendé notre terrain, avec tout ce qui se jette à la voirie, dis-je, et qui encombre nos rues et nos passages publics.

Nous nous occuperons du labourage, en admettant toute fois que notre terrain soit défriché ou défoncé le plus profondément possible. Oui, il faut bêcher son terrain à un mètre et dans les endroits peu profonds, ou il y a de la pierre et en pente, il faut faire des murs de soutennement, et dans les terres inclinées; particulièrement, il faut de distance en distance laisser des lisières afin de rendre son terrain le plus plat possible et afin d'empêcher les eaux pluviales de l'emporter. Une fois que le terrain est bien préparé, il faut le laisser reposer un certain temps, je dis un certain temps, c'est-à-dire pendant les fortes chaleurs, et il faut bien se garder de brûler les broussailles, non, il faut les réunir et les amonceler le plus près possible et les laisser se moisir, tomber en pourriture les remuer de temps en temps ou bien les brûler en masses afin d'en obtenir le plus grand nombre de cendres possible, pour la répandre et la réunir aux autres engrais, une fois cela fait on doit procéder au labourage. Si l'on a des instruments bien conditionnés on doit les employer de préférence à ceux du pays, faute de cela, on peut employer la bêche *zanga* et le faire le plus profondément possible. On peut employer aussi la charrue grecque que nos colons de Cargèse nous ont introduite. avec celle-là on peut labourer son terrain le plus profondément possible, on n'a qu'à élever ou abaisser le soc, il consiste à donner le plus d'ouverture à l'angle que forme la charrue avec le morceau de bois qui sert à attacher les bœufs ; plus l'angle est ouvert plus la charrue s'enfonce et réciproquement ce que l'on fait pour les semailles ; pour couvrir la semence, l'angle est plus aigu, et la charrue s'enfonce moins ; pour labourer son terrain, même en pente ; un homme et deux bœufs font plus de travail que tout un attirail bien conditionné. seulement, ce qu'il faudrait améliorer ce serait la manière d'attacher les animaux, le système avec la *coppia*, ce morceau de bois qui fait quelques fois si mal aux animaux, s'il était remplacé par un espèce de collier comme pour les chevaux et mulets de charrettes il y aurait qu'à assujétir une traverse avec deux crochets *balancino* et de cette manière les animaux seraient plus libres, et l'on pourrait substituer les chevaux et les mulets aux bœufs au cas de besoin, et de cette manière ils seraient moins sujets à *incollase*, je demande pardon à mon lecteur de me servir de ces termes corses, mais il le faut, pour bien expliquer la chose.

Nos cultivateurs des campagnes se contentent le plus souvent de labourer leur terre une fois seulement, et quelquefois ils sèment sans labourer, ou c'est ce qu'ils appellent en *Coggia* ou *Ciattinare*, ce qui est un grand malheur, c'est une des plaies de la Corse : la semence trouve le terrain dur et au lieu de s'enfoncer cherche de prendre racine superficiellement, on a beau l'enfoncer profondément, c'est encore un inconvénient, il faut labourer profondément et semer superficiellement, et nos paysans font tout le contraire, de cette manière les racines étant à la superficie pendant les fortes chaleurs, et s'il ne pleut pas en avril et mars, la sécheresse le fait dépérir (nous parlons du blé bien entendu) et la récolte est compromise.

J'ai dit en commençant qu'il faut employer des instruments de labour bien perfectionnés, d'autant plus que l'on peut s'en procurer chez l'administration des pénitenciers, c'est-à-deri

que cette administration est chargée d'en louer
à ceux qui en font la demande et de fournir des
travailleurs pour en montrer le maniement,
c'est un grand avantage pour ceux qui n'ont pas
les moyens de s'en procurer ailleurs, pourtant
nos marchands de ferraille en feraient venir,
s'ils étaient sûrs d'en débiter, il suffit que quelques uns donnent la première impulsion.

CHAPITRE DEUXIÈME.

INTRODUCTION ET AMÉLIORATION DES RACES D'ANIMAUX. —
SPÉCIALITÉ D'ANIMAUX. — CHOIX DES SUJETS REPRODUC-
TEURS. — LA BREBIS ITALIENNE PRÉFÉRABLE A TOUTE AUTRE
POUR LE LAIT. — ANIMAUX DE BOUCHERIE, LEUR NOURRITU-
RE, SOUPE DES ANIMAUX. — LA STABULATION. — HYGIÈNE
DES ANIMAUX. — PRAIRIES ARTIFICIELLES.

Il ne peut y avoir de bonnes fermes sans ani-
,maux ; outre ceux destinés au labourage, il en
faut pour les transports, de ces derniers nous
n'avons pas besoins de nous en occuper sérieu-
sement, cela comprend, tout ce qui sert aux charrettes car outre de faciliter les moyens de transports
ils peuvent servir au labourage, avec les systèmes
des charrues Dombasles et les autres instruments
commes *estirpateur* et *erpicateur*, qui ne sont au-

tre chose que la herse perfectionnée. Tous les bons agriculteurs s'accordent à dire qu'il vaut mieux employer les bêtes à cornes pour le labourage, outre qu'ils ont plus de force, ils peuvent être remplacés avec avantage, lorsqu'un bœuf est vieux, on n'a qu'à l'engraisser pour être livré à la boucherie, et pour en élever d'autres, il faut des vaches ; ajoutez à cela, que ces dernières sont d'une grande utilité dans les fermes, outre d'élever leur petit elles donnent du lait et du beurre, et au lieu de s'amuser à faire du fromage avec nos brebis, comme font nos bergers, c'est avec la vache que partout, sur les deux continents italien et français, ont fait le fromage. De là, la nécessité d'en avoir plusieurs pour bien mener une exploitation ; il faut aussi des animaux de boucherie, qui n'aient d'autre mission que d'engraisser à l'écurie, c'est ce qui nous amène à introduire et à perfectionner nos espèces, pour cela il faut des spécialités d'animaux, telles que la race Durhan, cette race donne la meilleur viande possible et les sujets deviennent énormes. Il faut aussi introduire d'autres espèces de vaches laitières, telles que les Flamandes, les Bicornes, les Scadrines, etc. Voici à peu près le portrait du bœuf de labour : tête forte et pesante, œil vif, cou

très court et gros, la poitrine ample et profonde,
afin d'avoir des poumons bien larges, épaules
longues et un peu inclinées au dehors, jambes
fortes et un peu longues, ongles durs, la queue
grosse, les caisses fortes dont les muscles, les
jarets et les tendons détachés ; la peau épaisse et
dure, couvertes d'un poil rude : enfin, le dos
long et plus haut dans la partie postérieure.

En Corse on a la triste habitude de traire les
brebis, on ne fait presque aucun cas de l'agneau
et de la laine : sur le continent, c'est tout le contraire, la brebis ne sert que pour nourrir le petit
qu'on livre plus tard, lorsqu'il est mouton
fait, à la boucherie et pour en tondre la laine :
pour avoir des animaux de la sorte il faut ce
procurer des sujets bien choisis : le meilleur,
c'est le mouton mérinos, préférable pour la laine ;
maintenant si l'on veut avoir des brebis de lait,
ce qui est rare, la meilleure espèce est celle
d'Italie ; je suis sûr que si elles étaient croisées
avec le bélier mérinos, on aurait de bons sujets
reproducteurs et pour la laine et pour le lait :
mais tout le monde s'accorde à dire que on ne
doit pas traire la brebis.

Dans une bonne ferme il doit y avoir aussi
des animaux destinés à être envoyés dans les

champs, parceque lorsque l'on doit établir des prairies artificielles, il faut bien des animaux de toutes espèces pour en consommer les fourrages, car bien souvent l'on est embarrassé pour les vendre, en outre de cela, il y a des saisons qu'on ne peut pas faucher les herbes et qu'il faut faire manger sur place ; de là la nécessité d'avoir beaucoup d'animaux pour utiliser ces herbes, et d'autant plus qu'il en faut pour obtenir du fumier car très souvent on est embarrassé pour vendre les foins, surtout lorsque tout le monde en a et que l'on est loin des grands centres. Une des meilleures nourritures pour les animaux d'écurie, c'est ce que l'on appelle la soupe des animaux, elle consiste à employer toute espèce de fourrages, d'en faire un mélange, de les mettre tremper pendant une semaine ou deux et de donner à manger aux animaux ; c'est très nourrissant et en même temps rafraîchissant, il s'opère une espèce de fermentation et cela fait absolument l'effet de spiritueux. Pour l'hommes, nous le savons tous, les éléments les plus nourrissants, sont le vin, la bierre et les autres boissons, comme le cidre et autres, (on devrait dire, manger du vin, comme l'on dit manger de l'huile), les spiritueux et particu-

lièrement le vin, en mangeant servent de nourriture.

Pour nourrir un certain nombre d'animaux à
l'écurie il faut des étables bien conditionnées ;
il faut d'abord qu'elles soient établies sur un
terrain sec et loin de toute humidité, bien élevés
et avec des ventilateurs, pour que l'air puisse cir-
culer; il faut aussi avoir soin de renouveler tous les
soirs la litière. Une chose que l'on ne songe pas
en Corse, c'est de donner de temps à autre un
peu de sel aux animaux et pour cela il faut des
auges en pierre ou en bois, mais la pierre serait préférable. Le sel en l'humectant leur exite
la salivation et par conséquense la digestion s'o-
père plus facilement, nous savons tous, que la
salive est la partie la plus essentielle de la digestion et outre de cela le sel fortifie l'estomac. Il
faut aussi savoir éviter et les préserver des cou-
rants d'air ; la nourriture aussi doit être modé-
rée et réglée, il faut aussi les faire boire à temps
et suffisamment, et éviter de leur faire boire de
l'eau de fossé stagnante et corrompue, en un
mot tâcher de prévenir la maladie : ce n'est pas
tout de les soigner lorsqu'ils sont malades, mais
il faut empêcher la maladie d'arriver ; on peut
leur faire manger de la luserne fraiche, mais au
printemps et pour cela on peut les mener au

champ pendant trois heures au moins ; dans mes voyages, car j'ai voyagé aussi, si cela peut s'appeler voyager, j'ai été jusqu'à Nice en deux saisons différentes : de la fenêtre de mon frère, je voyais tous les jours, qu'on menait paître un troupeau de jeunes moutons et une bande de veaux appartenant à M. le comte de X**** tous les jours à la même heure, c'était vers deux heures de l'après midi et à la nuit tombante on les rentraient.

Pour avoir des fourrages il faut ne pas se contenter de la paille et de l'herbe qui pousse dans les champs, ce que nous appelons vulgairement du foin, mais il faut aussi des prairies artificielles tels que luserne, sainfoin, trèfle et autres, il en faut, outre qu'ils sont d'une plus grande utilité, mais il en faut pour alterner les semailles, et c'est ce que nous traiterons dans un autre chapitre.

CHAPITRE TROISIÈME.

ALTERNATION DANS LES SEMENSES OU VARIATION DE GENRE DE CULTURE.

Un bon laboureur ne doit jamais laisser reposer sa terre, comme l'on fait en Corse. Chez-moi, les terres ne travaillent que de trois en trois ans, pendant que la terre se repose elle est livrée à toute espèce d'animaux et particulièrement aux cochons, il est vrai qu'ils détruisent les mauvaises herbes et les racines des plantes gourmandes, mais le propriétaire n'en retire aucun produit : ce n'est que ces dernières années que l'on en vend l'herbe aux bergers. Pour remédier à cela, il faut alterner les semenses. je m'explique : vous avez semé la première année du froment, la seconde des fèves, la troisième des poids, la quatrième des pommes de terre, la cinquième du lin, la sixième de la luserne ou toute autre plante fourragère que l'on enfuie en terre en labourant après la première récolte ; ainsi de cette manière le terrain ne se repose jamais, bien entendu qu'en chaque semaille, outre de le labourer profondement, comme j'ai dit plus haut, il faut bien l'amender, il faut le fumer convenablement et avec un mélange de toutes les parties qui constituent les amendements (*concimi* comme dit l'Italien); de cette manière, votre champ rapportera immensément, en admettant que l'eau ne fera pas défaut ; si c'est dans nos plaines on peut s'en passer, l'humidité de la nuit, celle du sous-sol et le terrain assez profond font que les racines puisent assez d'humidité pour s'en nourrir. Un genre de culture qui sert si bien pour alterner le terrain, seulement pour les plaines c'est le maïs ou blé de Turquie, outre qu'il rapporte beaucoups, il sert à préparer le terrain, car il est reconnu que le froment vient bien là ou a été le maïs, c'est ce que font nos laboureurs à Campo-del-Oro près d'Ajaccio ; on pourrait aussi cultiver le coton, il vient si bien en Corse et cela ne demande pas tant de soins et de travaux, c'est ce que nous traitons dans une prochaine publication.

Le jardinage aussi est un bon alterneur, il y a une foule de plantes que l'on peut varier à chaque saison et c'est un grand produit pour les fermes et surtout pour les établissements qui avoisinent nos marchés. Il ne faut pas se contenter de semer seulement pour les besoins usuels de la famille, mais il faut en faire

la principale culture; que l'on ne se figure pas
que le blé n'est pas fait pour la Corse, c'est ce
que nous traiterons dans un chapitre à part; je
reviens au jardinage, outre de rendre beaucoup, [il sert à vasier le genre de culture, mais
lui aussi demande des soins, un labourage profond et des engrais.

CHAPITRE QUATRIÈME.

LABOURER PROFONDÉMENT SON TERRAIN AFIN D'ATTIRER LE
TERRAIN VIERGE A LA SUPERFICIE, LE LAISSER REPOSER
AVANT LA SEMAILLE.

Le terrain arable est quelquefois épuisé par
les plantes gourmandes et par les semences que
l'on y enfuies, pour remédier à cela il faut labourer le plus profondément son terrain, et le
faire, s'il est possible avec les charrues Dombasles
autrement employer la bêche des lucquois, mais
à la condition de bien renverser le morceau que
l'on enlève; c'est-à-dire que le gazon soit placé au
bas et le terrain du bas, ou vierge, en haut et
avoir soin de ne pas le fendre avec deux ou trois
coups comme l'on fait habituellement, de cette
manière ce terrain, une fois exposé au contact de

l'air, de la pluie et du soleil, absorbe les principes salins et l'acide carbonique contenu dans l'air qui alimente et nourrit les plantes. Outre d'avoir une grande récolte, les fruits sont encore savoureux et la maturité en est anticipée. Il faut avoir soin, une fois que l'on a bêché son champ et que l'on a laissé le terrain à la surface exposé à la pluie et au soleil pendant deux ou trois semaines de le remuer de nouveau soit avec la pioche, si l'on n'a pas un autre instrument à ce destiné (herse), et qui consiste en deux ou trois traverses de bois avec des crochets en forme de petites pioches, que l'on attache aux bœufs et que l'on fait passer et repasser en long et en large ; ce travail se répète une fois ou deux avant les semailles. Le blé se sème le plus superficiellement possible, il est reconnu que plus il est semé profondément plus il vient mal. Il faut aussi employer une autre espèce de herse, lorsque le blé est né c'est-à-dire après les premières pluies faire passer cet instrument afin de déchirer cette croûte qui s'est formée, cet instrument est comme le précédent, seulement les morceaux de fer doivent être moins larges. Cette croûte qui se forme après les pluies et qu'il faut en quelque sorte déchirer est un grand conducteur de la chaleur et empêche l'air de pénétrer aux racines, et c'est ce qui arrive en Corse, les blés sont bien pendant le printemps, puis les premières chaleurs les fait sécher, c'est ce qui fait que l'on attend avec tant d'empressement dans nos campagnes, l'eau ; il y en a qui font des processions pour appeser la colère céleste, ils feraient bien mieux de remuer le terrain ou de *zappettare* aussitôt qu'il commence à se sécher, de cette manière on préviendrait la sécheresse. Il en est ainsi des autres espèces de culture, il faut labourer profondément toujours, le laisser reposer et le remuer deux ou trois fois avant les semailles. Il faut avoir soin de semer très large pour les plantes légumineuses, afin que le soleil et l'air pénètrent et pour que la personne qui doit le travailler et l'arroser, n'ai pas à la gêner. plus vos plantes seront semées à une grande distance et plus ils vous rapporterons et c'est aussi une grande économie dans la semence. Si l'on n'a pas une grande abondance d'eau, on peut y remédier en remuant le plus souvent possible le terrain et cela à l'aide d'une pioche à double pointe ou fourchue. mais il faut le répéter souvent.

IV

CHAPITRE CINQUIÈME.

CULTURE DE LA POMME DE TERRE — FOSSÉS EN LONG.

La culture la plus en vogue pour les pays de montagnes, c'est la pomme de terre, pour remédier au manque d'eau, il faut pratiquer des fossés de cinquante centimètres de profondeur y jeter des engrais mêlés au terrain de la première croûte et semer sa pomme de terre ; laisser sur les bords le terrain que l'on a retiré de la fosse et au fur et à mesure que la plante croit y jeter cette terre qui est restée exposée au soleil et à la pluie, de cette manière on finit par combler la fosse et lorsque l'on vient à arracher les pommes de terre, la fosse se trouve pleine de fruits, à mesure que la plante croit les nouvelles racines donnent des tubercules, nous en avons fait l'expérience et cela réussit parfaitement et l'on peut se passer d'eau.

On peut planter la pomme de terre tout autrement, mais il faut espacer les sillons le plus que l'on peut, ce n'est jamais assez. Une fois la plante venue, il faut remuer le terrain par deux ou trois fois, enlever les mauvaises herbes et lui attirer au pied le terrain, c'est la dernière *incalsatura* et si l'on a de l'eau à lui donner une fois ou deux, lorsqu ; elle a la fleur et au moment du passage de la floraison, à la formation de la semence, c'est alors qu'elle est sujette à s'arrêter et à perdre son développement.

CHAPITRE SIXIÈME.

ARBORICULTURE ET GREFFAGE. — PLANTATION DU CHATAIGNIER DANS LES PAYS DE MONTAGNES, ET DE L'AMANDIER SUR LES CÔTES QUI AVOISINENT LA MER. — CONDITION PARTICULIÈRE DU TERRAIN POUR CET ARBRE.

Planter des arbres, c'est le meilleur moyen de tirer parti du terrain, seulement il faut savoir choisir son terrain et savoir l'adapter à telle ou telle autre espèce. Je ne veux pas parler des châtaigniers cet arbre est assez bien cultivé en Corse et grâce à Dieu il rend assez, seulement il y a une espèce de maladie qu'on ne sait pas prévenir, c'est ce qu'on appelle *annodare*, qui n'est a itre chose que l'effet de la greffe. Si l'on pouvait employer toute autre moyen que la greffe en sifflet, le remède serait bientôt trouvé (1) mais

(1) On a trouvé une autre manière de greffer en sifflet, c'est M. Fattaccioli Jules, qui consiste à greffer chaque branche ; car auparavent, l'on coupait l'arbre lorsqu'il avait huit ou dix ans, en no-

les autres moyens, en fente et en couronne ont aussi leurs inconvénients, le meilleur moyen selon quelque uns, c'est de greffer en pépinière et à ras de terre, la première année, on peut le faire en fente, après on couvre de terre on attend qu'il soit propre à être transplanté. Je n'ai presque rien à dire de l'établissement des pépinières de châtaigniers, je ferais seulement remarquer que pour cela il faut choisir un terrain pierreux de cette manière les racines prennent en large et la transplantation réussit très-bien, si c'est le conatrire, que le terrain soit fort et profond, il se forme une racine principale, qu'on appelle *Mascione*, et très souvent l'arbre fait défaut en le transplantant. Si l'on pouvait planter le châtaignier de toute autre manière qu'en pépinière, comme l'on a fait aux Sanguinaires mais comment les préserver des chèvres ? il est constant que le châtaignier subit deux maladies la première est le transplantant, la seconde en le greffant ; si l'on pouvait remédier à ces deux inconvenients, la culture du châtaignier serait à jamais assurée, et il ne demanderait pas tant de soins comme il l'exige actuellement, et pourtant l'on prétend se serait très-bien.

vembre ou en mars, au printemps il avait de nouvelles pousses que l'on greffait à siflet. Tandis que de la nouvelle manière on n'a pas besoin de couper l'arbre et c'est un grand avantage.

que nos montagnards ne travaillent pas, il faut vingt ans de travaux et de soins pour faire un châtaignier et c'est à peine s'il commence à donner quelques fruits, ce qui n'est pas des autres arbres.

Le pommier et le poirier dans nos pays de montagnes devrait être une des principales cultures, pour celà le meilleur moyen, c'est de se procurer des sauvageons, mais on peut en faire soi-même en pépinière, on n'a qu'à prendre des pommes et des poires sauvages, les laisser moisir et planter ces semences mêlées avec du sable, pour qu'ils ne viennent pas trop épais et de cette manière on se fait une pépinière à peu de frais, on peut les éclaircirent, en n'en laissant que quelques uns. Une fois ces sauvageons plantés, il faut les greffer ras de terre et c'est ce que l'on a de mieux à faire: le meilleur moyen de greffer, est en fente, de cette manière votre tronc forme de suite un arbre à deux branches et les pousses sont moins sujettes à être emportées par le vent, tandis qu'en couronne, le bois n'est pas touché et les pousses ne sont assujetties qu'à l'écorse, l'arbre s'en ressent toujours et le moindre vent l'emporte. Pour les pommiers et les poiriers, le greffage en siflet offre un inconvénient, on est obligé de froisser l'écorse pour l'enlever de dessus le bois et de cette manière l'œil futur qui doit pousser est exposé à périr, ou en est endomagé ; ainsi il vaut mieux employer les autres manières de greffage, que tout le monde connaît.

Il y a aussi un grand inconvénient qu'il faudrait tâcher de prévenir et que nos paysans employent souvent, il consiste à greffer un arbre de différentes qualités, de cette manière, il y a antipatie entre ces différentes espèces et les fruits sont des plus médiocres et l'arbre en souffre. Le meilleur moyen, c'est de se contenter d'une seule espèce pour chaque pied d'arbre.

L'amandier est négligée de tout le monde et pourtant on sait combien son fruit est recherché en pharmacie et par les confiseurs, elle se vend jusqu'à cinq francs le décalitre et pourtant dans notre arrondissement sa culture est presque nulles à part la Balagne et quelques autres localités.

Pour planter l'amandier en pépinière il faut autant que possible avoir des amandes à coc dure, l'amande à coc tendre ne vaut rien pour être plantée, c'est le terrain qui la fait dure ou tendre, une fois cela, bien labourée son terrain et fumer toujours et l'enfoncer avec les doigts la pointe

en bas, parcequ'elle fait des efforts pour se renverser et c'est qui fait fendre la coquille. Pour le
transplanter choisir un terrain pierreux et de
côte et c'est pour cela que nos rivages de la mer
sont les plus préférables.

TROISIÈME PARTIE.

Pour varier un peu notre style et nous mettre à la portée de tout le monde et particulièrement de la jeunesse, nous donnerons des enseignements en forme de dialogue et que nous pourrions appeler PETIT CATÉCHISME DU CAMPAGNARD.

Chimie Agricole.

D. — *Qu'est-ce que l'agriculture ?*

R. — C'est l'art de cultiver la terre, d'en retirer le plus grand avantage possible et le plus grand profit des plantes.

D, — *Pourquoi n'en dit-on pas autant des animaux ?*

R. — Parceque la véritable agriculture, n'est autre chose que l'art de cultiver les plantes, et peut subsister sans les animaux. Cela se fait dans les grandes fermes, l'on a des bœufs et des chevaux de labour et non pas des animaux de boucherie et de lait. Les animaux de labourage ne consistent pas en spéculations et en troupeaux de moutons et d'autres animaux ; se ne sont que des machines de labour ni plus ni moins, c'est pour cela que l'agriculture ne s'occupe pas d'eux comme l'on fait pour ses instruments, de savoir si la dépense qu'ils occasionnent, compense l'avantage que l'on en retire.

D. — *Mais les agriculteurs en général, ne s'occupent-t-ils pas de retirer le plus grand profit possible des animaux ?*

R. — La plus grande partie des agriculteurs s'occupent vraiment de ces derniers et tiennent pour cela, des vaches, des veaux, des brebis, des cochons, etc, mais ces animaux, ne sont autre chose que des spéculations annexes à son exploitations des plantes et qui très-souvent, au lieu de profiter, ils occasionnent des pertes.

D. — *Mais si les animaux ne donnent pas du profit directement, ils donnent au moins le fumier pour les plantes et contribuent pour cela à augmenter le bénéfice de ces dernières ?*

R. — Cela est très-vrai, mais cela ne veux pas dire qu'ils soient nécessaire. — Ce qui est le plus nécessaire, se sont les engrais ou amendement.

D. — *L'agriculture étant l'art de retirer le plus grand profit des plantes, que faut-il faire pour l'exercer avec avantage ?*

R. — L'instruction.

D. — *Expliquez-vous plus catégoriquement ?*

R. — J'y vais : la culture des plantes, mais les plantes étant des êtres vivants et prenant alimentation de la terre avec les racines et de l'air avec les feuilles, — comme bien le démontrent les savants, — il en suit qu'avant tout, il convient d'apprendre à bien connaître le climat, le sol et la nature des aliments dont ils ont le plus besoins pour prospérer et l'on appelle amendements, sels, etc. Pour dire qu'il faut posséder l'instruction nécessaire pour pouvoir bien exercer l'agriculture, il est nécessaire d'apprendre avant tout trois choses : Le climat, le sol et les amendements.

D. — *Que faudrait-il étudier après ces trois choses ?*

R. — Il faudrait étudier la culture des plantes : il s'en suivrait par là une autre partie qui s'occuperait de l'économie rurale et des manufactures agricoles, comme étude des vers à soie, fabrication de vins et de fromages, gouverne du bétail, etc.

Du Climat.

D. — *Qu'entendez-vous par climat ?*

R. — Les agriculteurs entendent par climat

la température des différentes régions ou pour mieux dire l'état en général de l'atmosphère dans le cours de l'année : Comme la lumière, la pluie, l'air, le vent, la neige, la chaleur, etc., qui forment un tout qu'on appelle climat et qui a un grand empire sur les plantes.

D. — *L'influence du climat, est-elle plus forte que celle du terrain ?*

R. — Oui, et de beaucoup. — Toute les plantes viennent plus ou moins, dans toutes les terres, mais ils ne viennent pas dans tous les climats ; outre cela, les opérations du cultivateur varient immensément d'un climat à l'autre.

D. — *Dites nous quelle est l'influence de l'air sur les plantes ?*

R. — L'air, avec les principes qui le constituent, qui sont l'oxigène, l'azote et l'acide carbonique avec un peu d'ammoniaque, nourrissent la plante. Il est démontré par les savants que le carbonne contenu dans les plantes provient de l'acide carbonique de l'air, et que la terre ne pourrait pas en donner tout ce dont elle a besoins.

D. — *Est-ceque l'air peut manquer aux plantes ?*

R. — Oui, lorsqu'elles sont trop entourées d'arbres, c'est alors qu'il lui fait défaut, le carbone aussi fait défaut parceque les plantes qui l'avoisinent l'absorbent à leur place. Il est également vrai que les plantes trop épaisses donnent très peu de fruits.

D. — *Que nous dites-vous de l'humidité ?*

R. — Je dis qu'elle est nécessaire aux plantes parce qu'elles en contiennent beaucoup par elles-mêmes, c'est pour cela que l'on dit que l'humidité nourrit les plantes, et nous verront ailleurs, comment on peut rendre le terrain plus frais dans les fortes chaleurs et dans les saisons sèches.

D. — *Est-ce que la chaleur ne nourrit-elle pas aussi les plantes ?*

R. — Non, la chaleur n'alimente aucun être, mais elle lui est indispensable, sans la chaleur les plantes et les animaux ne pourraient vivre un seul instant.

D. — *Et la lumière les nourrit-elle ?*

R. — Non plus, mais elle aussi, est nécessaire, parce qu'elle donne la couleur et la saveur aux fruits. Sous l'influence de la lumière, la plante prend à l'air ses éléments et se fait plus robuste. Les fleurs sans la lumière ne peuvent donner de fruits ; et c'est pour cela qu'il ne faut pas semer les plantes trop épaisses et que le blé qui est semé à larges sillons rapporte plus que celui qui est semé à la volée.

D. — *Que nous dites-vous du vent ?*

R. — Je dis que s'il est léger et s'il apporte un peu d'humidité, il est favorable à la végétation, tandis qu'il est nuisible, s'il est très sec et qu'il souffle avec impétuosité.

D. — *Quelle action a donc l'air pesant sur les plantes ?*

R. — Pendant l'hiver aucune ; mais en été il empêche la respiration, et cela nuit beaucoup aux animaux et aux plantes. Pendant les fortes chaleurs de juillet les vignes chargées de raisin souffrent beaucoup, si l'air est pesant.

D. — *Qu'arrive-t-il pendant l'hiver sous la neige ?*

R. — Il arrive que la chaleur qui est dans la terre ne se perd pas dans l'air, que la couche de neige empêche de s'en aller et c'est pour cela que sous la neige en automne les semences germent et l'herbe pousse au fur et à mesure que la neige s'en va.

D. — *La neige nuit-elle quelquefois aux plantes,*

R. — Oui, au printemps et toutes les fois qu'elle dure trop longtemps, alors elle devient tellement compacte et prive le terrain des bénéfices de l'air.

D. — *Que nous dites-vous des gelées et des giboulées ?*

R. — Qu'elles ne nuisent point à la terre, mais beaucoup aux plantes, lorsqu'elles arrivent ou trop tôt en automne et trop tard au printemps.

D. — *Qu'arrive-t-il alors ?*

R. — Il arrive que le froid trouvant les tissus des plantes encore pleines du suc les fait geler et en se gelant il dégèlent avec le soleil et se resserrent dans ces dilatations et restrictions et les tissus se désorganisent.

D. — *Est-ce que l'on peut prévenir les dommages des gelées ?*

R. — Dans les jardins on le peut, on sauve les légumes en les couvrant de feuilles, de paille et de terre ; dans les champs l'opération couterait trop chère ; s'il s'agissait de sauver la fleur des arbres et si l'on pouvait prévenir la chose on le ferrait en brulant de la paille avant l'aurore dans le voisinage des arbres afin de répandre beaucoup de fumée dans l'air, et de cette manière on romprait les globules de glaces qui se forment avant de descendre à terre et sur les plantes. La meilleur des choses, c'est d'en retarder la floraison, et cela s'obtient en remuant au mois de mars le terrain du pied de l'arbre et en blanchissant les troncs avec de la chaux. Toutes ces choses empêchent la chaleur de pénétrer dans le tissu et de retarder la végétation.

D. — *Quels sont les agents les plus importants du climat ?*

R. — L'air, la chaleur et l'humidité.

D. — *Quel est l'action de ces trois agents ?*

R. — Leur action est des plus importantes : si un de ces agents fait défaut, vous avez un parfait repos, une inertie profonde dans les choses, s'ils abondent tous les trois et que par dessus vous y ajoutez la lumière et l'électricité, alors tout va à merveille pour les plantes.

D. — *Expliquez-vous plus catégoriquement et qu'entendez-vous par repos ?*

R. — Si l'air, la chaleur et l'humidité font défaut indépendamment des dommages qu'il en survient aux plantes, qui ne peuvent vivres sans cela, le sol ne donne plus les sels nutritifs pour la végétation. Tout est en repos, et le fumier même ne se décompose pas, et ne donne pas l'alimentation nécessaire aux végétaux.

D. — *Donc pour conserver une chose, le fumier le fourrage, les fruits, etc, il suffit d'ôter l'air, la chaleur ou l'humidité ?*

R. — Précisément.

D. — *Dites-nous comment ?*

R. — Pour le fourrage, on ôte l'humidité en le séchant entièrement et on lui ôte l'air en

le comprimant, ou en le foulant aux pieds; pour
le fumier on fait de même et l'on y ajoute quelque couche de terre, un peu épaisse et celui qui
est le plus comprimé vous le retrouvez l'année
suivante toujours avec la paille comme d'abord.
— Pour les fruits, on les fait sécher pour leur
ôter l'humidité, ou on cherche de les sotir du contacte de l'air, ou enfin on les tiens dans un endroit
frais en les privant d'humidité.

D. — *Pourquoi dites-vous que tout va à merveille pour les plantes lorsque elles abondent en
même temps d'air, de chaleur et d'humidité ?*

R. — J'ai dis cela pour plusieurs motifs:
Premièrement, c'est que; dans les années ou ces
trois choses abondent, il y a beaucoup de fruits,
la maturité vient à temps et la qualité est dès plus
parfaites ; ensuite cela provient du sol, lorsqu'il
est suffisament fertile aucun de ces trois agents
ne fait défaut et ils ne cessent un seul instant de
préparer des sels nutritifs, si utiles aux plantes.

D. — *Expliquez-nous mieux cela avec quelques
exemples ?*

R. — Dans les prairies lorsque vous les lais-
sez trop découverte dans l'hiver et que la chaleur
leur manque pendant deux ou trois mois de l'année, vous avez très peu de fourrages au printemps
prochain, et cela provien de ce que pendant ces

trois mois qui furent entièrement perdus pour la panification des sels nutritifs. Dans les champs semés à blé, il arrive la même chose, s'il s'y arrêtait beaucoup d'humidité dans l'hiver ou au printemps, et cela parceque l'eau chasse l'air de la terre. — La terre vierge posée sous le sol arable ne contient pas de sels nutritifs parcequ'elle manque d'air attendu qu'elle ne voit jamais la lumière.

Dans les étés très secs, on obtient très peu de fruits, parceque l'humidité devient rare et la terre ne se décompose pas pour donner des sels nutritifs. En général ce qui manque le plus souvent à la terre, c'est l'air. Elle devient si féconde, lorsque en été on la remue souvent parcequ'elle se remplit de boules d'air.

D. — *Mais en été, en remuant bien la terre et en la remplissant d'air on ne peut pas lui donner de l'humidité ?*

R. — Au contraire, parceque l'air dans la terre bien remuée ne permet pas à la chaleur de descendre jusqu'aux racines, et c'est pour cela que, qui bêche sa vigne en été, non seulement il donne à la terre l'humidité et la fraicheur tant nécessaire aux fruits pendants, mais en agissant de la sorte, le terrain en y unissant les trois agents, les pousses des rameaux destinés à la future fructification se font plus souples et plus féconds.

D. — *Expliquez-nous un peu mieux pourquoi il faut étudier l'action des agents, air, chaleur et humidité ?*

R. — Cette étude doit se faire pour un double but : premièrement cela regarde l'alimentation des plantes (arbres et herbes), ensuite pour tout ce qui concerne la conservation des produits.

D. — *Donnez-nous d'autres exemples dans les quels il soit démontré comme quoi, l'air, la chaleur et l'humidité sont unis pour l'alimentation des végétaux ?*

R. — Dans les terres fortes l'air fait un peu défaut, elles sont tellement compactes que l'air y pénètre difficillement et qui sans lui les parties terreuses pour ainsi dire inertes qui les constituent, même les engrais qu'on y ajoute, ne se décomposent pas et ne passe à l'état soluble et assimilable par les plantes ; et en effet, c'est pour cela que des cultivateurs les plus intèlligents, qui possèdent ces sortes de terres commencent à les labourer le plus profondément possible et de cette manière, ils y introduisent une grande masse d'air et ils en obtiennent un grand résultat.

D. — *Auriez-vous d'autres exemples à nous citer ?*

R. — Certainement, et le voici : Dans les

prairies et si c'est un terrain compacte, l'air fait défaut, pourtant les engrais ne manquent pas, car tous les ans on en répand, mais parceque l'air manque, ils ne sont pas décomposés quoiqu'ils ne manquent pas d'humidité et de chaleur, il a fallu pour y remédier, ou les labourer ou en arracher la première croûte et répandre du fumier et replacer cette même croûte de gazon, mais cela n'est pas pour longtemps. Je vous citerai d'autres faits, les arbres des promenades publiques, sont en général rabougris et moins vigoureux que ceux des champs, parceque la terre qui les entoure au pied est tellement pressée et endurcie partant privée d'air. Il arrive quelquefois, qu'ils sont très-beaux, parceque plantés sur un terrain très-poreux et rapporté et alors l'air y pénètre facillement.

Bien des cultivateurs engraisse leurs prairies avec du terrain vierge, on en fait des tas, qu'on remue à plusieurs reprises dans le courant de l'année, pour lui donner de l'air et que l'on répand ensuite,

Ceux qui ont des teres fortes et qui arrosent le maïs, difficillement leur terrain rapporte l'année suivante lorsqu'on y sème du blé, parceque les molécules terreuses sont tellement serrées qu'ils en ont ôté l'air.

D. — *Donnez-nous quelques autres exemples, pour nous démontrer que partout ou l'on ôte, ou l'air, ou l'humidité, ou la chaleur les produits se conservent ?*

R. — Les exemples précédents vous ont démontrés que partout ou l'air fait défaut, le terrain se maintient inerte, c'est-à-dire vierge ; ou l'air manque, il n'y a point de sels nourriciers pour alimenter les plantes. Un savant, Monsieur Gay Lussac a trouvé moyen d'ôter l'air contenu dans un tube plein de mou bien fermé hermétiquement, et une année après il le trouva tel qu'il était le premier jour qu'il l'avait introduit.

Il y en a qui conservent l'herbe pour six mois ; ils la salent convenablement et puis ils la compriment fortement avec les pieds pour en ôter l'air.

En couvrant dans un tonneau, mais sans que l'une touche l'autre, des pommes, des poires, du raisin, etc, avec du sond, afin de les délivrer ainsi du contacte de l'air, ils se conservent pour quelques mois.

Toutes les fois que vous voulez conserver, la viande, le lait, le vin, etc, ne pouvant lui ôter l'air qui l'entoure, nous tachons au moins de la lui ôter en partie, et tant qu'il est possible la chaleur ; et ces corps se conservent pour un certain temps. La viande gelée se conserve plusieurs mois.

D. — *Que concluez-vous de tout cela ?*

R. — Que pour fertiliser le sol, c'est-à-dire le raffiner et le décomposer à guise du fumier pour qu'il se transforme en sel nutritif, notre principale étude doit être d'y concentrer l'air, la chaleur et l'humidité en tachant pour cela, qu'aucun de ces trois agents n'y manquent, tant pour la fertilisation du sol, que pour la conservation des produits.

D. — *Quand y a-t-il beaucoup d'électricité ?*

R. — A l'approche des ouragans et dans les saisons chaudes. — Alors le lait, la viande, le vin se gâtent facilement et la terre même comme je vous ai dit, se décomposent, donne beaucoup de ces sels, si le terrain est labouré de peu et qu'il contient beaucoup d'air. Alors, même les fruits, mûrissent vite les plantes deviennent des plus belles.

D. — *Dites-nous s'il y a moyen de prévoir quelques jours à l'avance, le temps qu'il fera ?*

R. — On le peut, mais pas positivement. — Le plus en usage et adopté, c'est le baromêtre, qui consiste dans un tube de verre ouvert au bas et recourbé et contenant du mercure ; lorsqu'il devra faire beau, le mercure monte dans le tube, et au contraire il s'abaisse lorsqu'il voudra pleuvoir ou qu'il voudra faire du vent. Si le mercure se maintient bas pour quelques jours, il est clair que nous aurons à nous plaindre des pluies très-prolongées.

D. — *Le climat, est-il toujours égal ?*

R. — Non, cela varie beaucoup selon les degrets de latitudes, le voisinage des montagnes, celle des eaux et des forets, la situaton et la position.

D. — *Montrez-nous cela, comment le climat varie en raison des degrés de latitudes ?*

R. — La distance de la partie de la terre dite ligne équinoxiale et qui est perpendiculaire au soleil, aux deux autres dit pôles, où il gêle continuellement, elle a été divisée en degrès de 25 lieux chaqu'une ; hors, à mesure qu'on avance vers l'équateur, c'est-à-dire vers le soleil, on trouve en général, le climat plus chaud, tandis qu'on le trouve plus froid en allant vers les pôles. Les montagnes aussi influent sur le climat c'est ce qui arrive en Corse : la crête qui traverse l'île de Bonifaccio au Cap-Corse, et qui la divise en deux versants, l'une à l'est, l'autre à l'ouest .Hors en partant de nos montagnes et en allant vers la mer (que l'on peut faire en moins d'un jour), nous traversons trois climats différents, le froid, le tempéré et le chaud. Sur les montagnes le climat est très froid en hiver, très pluvieux en automne et au printemps, et suffisamment chaud en été. Ici le terrain est très ncliné et sujet au débordement, les transports très difficiles et le commerce presque nul. C'est pour cela que le genre de culture consiste presque tout en plantations de châtaigniers et sur les hautes montagnes on envoi paître les troupeaux de brebis et de chèvres et l'on vit toujours comme aux temps des patriarches, en cultivant un peu de tout, pour vivre, mais surtout la pomme de terre et quelques peu de blé.

En labourant, le terrain sans va petit à petit chaque année et les transports sont très coûteux et difficiles, en ayant même du fumier on n'en peut faire aucun usage, car il coûterait plus qu'il ne pourrait rapporter.

D. — *Quel serait donc le genre de culture qu'il faudrait adopter pour ces sites-là ?*

R. — Dans les sites les plus élevés, le hêtre et le sapin. et c'est ce que la nature nous donne par elle-même ; un peu plus bas et dans les endroits moins froid, le noyer, le châtaignier, le chêne vert, le pommier et le poirier d'hiver;

dans les endroits les plus chaud encore la vigne dans les aspérités exposées au midi en l'établissant en lignes traversables en tachant de rendre le terrain le plus horizontalement possible. — En fait de plantes herbacées il faut se contenter d'établir des prairies et le jardinage ; en supposant toutefois qu'il ne serait pas difficile de se procurer les autres denrées, et cela on le peut facilement avec le système d'importations des farines du continent et à défaut de cela, se procurer du froment dans nos marchés des villes.

D. — *Qu'appelez-vous climat tempéré ?*

R. — Nous appelons climat tempéré celui qui est aux pieds des montagnes ; ici l'hiver est moins rigoureux que dans les régions des montagnes, il est assez pluvieux en automne et au printemps, et en été il y fait assez chaud.

D. — *Quel serait le genre de culture pour ces lieux là ?*

R. — Comme le terrain est là aussi sujet au débordement parcequ'il est assez incliné, on doit préférer les arbres aux plantes herbacées ; parmi toutes, la vigne doit avoir la préférence et les mûriers aussi. Les arbres fruitiers de printemps et d'été, poires, pommes, cerises, pêches, abricots, prunes, etc, et des chènes verts isolés par-ci par-là pour donner des glands ; et dans les endroits humides le peuplier et le saule. En fait de plantes herbacées, on doit choisir de préférence les lusernes. le lupin, le ricin, enfin toutes les plantes vivaces, ou mêmes les plantes annuelles, mais que l'on sème en automne, comme le froment, les seigle, la vesce et d'autres très connus de tout le monde.

D. — *Que nous dites-vous de nos plaines et des terres qui avoisinent la mer ?*

R. — Dans les plaines qui avoisinent la mer si elles sont arrosées, il convient d'y semer des plantes herbacées (céréales et fourrages) dans de telles localités le mûrier vient très bien, la vigne, le pêcher, l'amandier, la garance, etc. Dans les endroits pierreux l'amandier est préférable à toute autre espèce d'arbre. Dans les plaines et si le terrain est sain, ce qui est difficile, la luzerne vient bien, le froment, la fève, le melon, la rave, le trèfle, etc., et plus particulièrement le maïs. Pour assainir nos plaines on devrait planter l'eucalyptus globulus que M. le docteur Carlotti a bien expérimenté.

Du Sol.

D. — *Qu'est-ce que le sol ?*

R. — C'est cette partie de la terre, que nous pouvons labourer, bêcher, et se dit pour cela sol arable.

D. — *Quelle profondeur a t-il ce sol ?*

R. — Elle varie de huit à cent centimètres.

D. — *Comment appelez-vous la partie qui vient immédiatement après le sol arable ?*

R. — On l'appelle sous-sol.

D. — *Combien de parties faut-il donc distinguer dans le sol arable ?*

R. — Trois : 1° le sol arable actif ; 2° le sous-sol inerte ou vierge, 3° le sous-sol.

D. — *Qu'entendez-vous par sol arable actif ?*

R. — C'est cette partie du sol que vraiment on laboure, où l'on bêche et que l'on engraisse ; elle a une épaisseur de huit, dix, vingt, trente ou au plus quarante centimètres, selon les terres, les différentes méthodes des cultivateurs et souvent selon leur degré de capacité.

D. — *Quelle différence faites-vous entre les terres labourées à huit, dix. vingt centimètres de profondeur et celles labourées à trente ou quarante ?*

R. — La différence est immense tant dans les produits que dans les faits qu'il en résulte et des avantages que l'on retire du sol et cela renferme un des plus grands problèmes de l'agriculture. Je vous en parlerai plus loin, lorsqu'il s'agira des amendements.

D. — *Qu'entendez-vous par sous-sol inerte ou vierge ?*

R. — C'est cette partie du sol arable qui se trouve immédiatement après celui qu'on laboure.

D. — *Comment distinguez-vous le sous-sol inerte du sous-sol arable ?*

R. — Nous le distinguons à leur composition, parceque leur nature en sont diverses.

D. — *Pourquoi appelez-vous vierge le sol inerte?*

R. — Parceque réellement, il ne donne rien à la plante.

D. — *Comment expliquez-vous cela ?*

R. — Avec la théorie des agents rémunérateurs, air, chaleur et humidité dont nous avons parlé plus haut.

D. — *Faites-nous connaître de quelle manière cela a lieu ?*

R. - Dans les précédentes leçons, je vous ai fait connaître que sans l'air tous les corps demeurent inertes ; par cela la terre vierge qui est très basse en est parconséquence tout à fait privée, elle

ne peut en aucune manière se rendre assimilable aux plantes.

D. — *Croyez-vous que la terre vierge contienne
assez d'éléments propres à être utiles aux plantes?*

R. — Certainement et en général elle en contient plus que le sol arable.

D. — *Expliquez-nous cela ?*

R. — D'abord, en premier lieu le terrain vierge
n'ayant jamais porté de plantes n'est pas épuisé,
ensuite par le moyen des fortes pluies, les sels
du sol arable en passant à travers, elle devient
inertes par le manque d'air.

D. — *Avez-vous des exemples à nous citer à l'ap-
pui de cela?*

R. — Oh ! et beaucoup. Lorsque vous avez
défoncé les vieux ceps de vignes, que l'on
appelle *cave*, vous exposez à l'air le terrain
vierge que vous retirez de la nouvelle fosse pour
y entourer votre cep et alors votre vigne se char-
ge de raisins et le vin est meilleur.

Certains agriculteurs pratiques tiennent des
tas de terre vierge exposée à l'air pendant un an
en la remuant deux fois dans cet intervalle, puis
ils la répandent sur les prés et ils en obtiennent
un bon résultat. D'autres se servent de la bêche
vanga, ou tout autre système, pour renverser le
sol arable en y replaçant le sous-sol avec deux

ou trois doigts de terre vierge, puis quelques temps-après, ils y sèment du maïs, fèves, haricots, etc, avec la bèche *marra* sans plus y labourer et pas même y passer avec les bœufs parcequ'avec les pieds ils enfonceraient le terrain vierge avant qu'il soit apte, car alors il ferait plus du mal que de bien.

D. — *Est-ce que tout le terrain vierge est bon ?*

R. — Non, il y en a de mauvaise qualité.

D. — *Comment le reconnait-on ?*

R. — En faisant des essais avec la bèche et en bèchant un peu plus ou un peu moins profondément. Quelque soit l'instrument que vous voudriez employer, pourvu que vous replaciez la terre vierge à l'air et cela en labourant ou en bèchant le plus profondément possible, parceque le terrain vierge est inerte et n'est pas épuisé, et pourvu qu'il soit exposé à l'air, vous obtiendrez toujours de bons résultats. Mais pour cela il faut bècher en automne et en hiver, pour semer au printemps et se borner à couvrir les semences avec la bèche et se contenter seulement de remuer la terre vierge qui se trouve dessus.

D. — *Retournons à notre sol : dites-nous de combien de parties il se compose ?*

R. — De trois : de silexe, d'argile et de chaux.

D. — *Nommez-nous les autres parties qui entrent dans le sol ?*

R. — Toutes les terres contiennent un peu de matières organiques, du fer, du soufre, du phosphore, de la magnésie, de la potasse, de la soude, etc, mais à petites doses.

D. — *A quel état se trouvent toutes ces substances ?*

R. — A l'état passif, c'est-à-dire inerte, ou pour mieux dire à l'état vierge. Chaque année pourtant avec le labourage, et les autres manières de les bêcher, on y introduit de l'air qui y manquait tant, en les exposant à la lumière, en les émiettant le plus que l'on peut, cela suffit pour les faire passer à l'état actif, c'est-à-dire à l'état de sels nutritifs.

D. — *N'est-ce pas le fumier qui passe à l'état de sel ?*

R. — Oui, mais sans la terre il ne pourrait pas alimenter les plantes. Les sels nutritifs avec l'indispensable coopération de l'air, de la chaleur et de l'humidité et même de la lumière, se forment, non seulement en amendements ou fumiers, mais encore ils coopèrent au détriment des matières organiques du sol.

D. — *Donc la terre donne du sien aux plantes?*

R. — Certainement et si elle est par nature assez riche, elle peut donner les indispensables sels, non seulement pour une année, mais pour plusieurs, sans qu'il soit besoin d'y ajouter un seul brin de fumier.

D. — *Mais en cessant de la fumer, ne fini-t-elle pas par s'épuiser ?*

R. — Oui, et c'est pour cela qu'on conseille toujours de bien amender et de bien diriger ce genre de travail pour pouvoir restituer à la terre ce qu'elle est obligée de fournir continuellement aux plantes et c'est ce que nous avons démontrés dans la seconde partie, lorsque nous avons traités des engrais, que nous avons défini de trois sortes savoir ; angrais minéraux, engrais végétaux et engrais animaux.

FIN.

AJACCIO. — A.-F. LECA, IMPRIMEUR DE LA PRÉFECTURE.